SUKEN NOTEBOOK

JN132618

チャート式
解法と演習　数学II

完 成 ノ ー ト

【式と証明，複素数と方程式】

本書は，数研出版発行の参考書「チャート式 解法と演習　数学 II ＋B」の
　　　　　　数学 II の　第1章「式と証明」，　第2章「複素数と方程式」
の例題と PRACTICE の全問を掲載した，書き込み式ノートです。
　本書を仕上げていくことで，自然に実力を身につけることができます。

目　次

第1章　式と証明

1. 3次式の展開と因数分解，二項定理 ……… 2
2. 多項式の割り算，分数式 ………… 16
3. 恒等式 …………… 31
4. 等式・不等式の証明 …………… 40

第2章　複素数と方程式

5. 複素数 …………… 64
6. 2次方程式の解と判別式 ………… 72
7. 解と係数の関係 …………… 80
8. 剰余の定理と因数定理 …………… 97
9. 高次方程式 …………… 108

221001

1. 3次式の展開と因数分解，二項定理

基本 例題 1

次の式を展開せよ。

(1) $(3x+2)^3$

(2) $(2a-3b)^3$

(3) $(x+2)(x^2-2x+4)$

(4) $(5a-1)(25a^2+5a+1)$

(5) $(a+b)^2(a^2-ab+b^2)^2$

PRACTICE (基本) **1**　次の式を展開せよ。

(1) $\left(x-\dfrac{1}{3}\right)^3$

(2) $(-2s+t)^3$

(3) $(3x+2y)(9x^2-6xy+4y^2)$

(4) $(-a+3b)(a^2+3ab+9b^2)$

(5)　$(2x+y)^3(2x-y)^3$

基本 例題 2

(1)　次の式を因数分解せよ。

　（ア）　x^3+64　　　　　　　　　　（イ）　$54a^3-16b^3$

(2)　$(a-b)^3=a^3-3a^2b+3ab^2-b^3$ の展開公式を用いて，$x^3-6x^2y+12xy^2-8y^3$ を因数分解せよ。

PRACTICE (基本) **2**　(1)　次の式を因数分解せよ。

　（ア）　$27x^3-y^3$　　　　　　　　　（イ）　$9a^3+72b^3$

　（ウ）　$8x^3-y^3z^3$

(2) $(a+b)^3 = a^3 + 3a^2b + 3ab^2 + b^3$ の展開公式を用いて，$x^3 + 12x^2 + 48x + 64$ を因数分解せよ。

基本 例題 3

(1) $x^3 + y^3 = (x+y)^3 - 3xy(x+y)$ であることを用いて，$x^3 + y^3 + z^3 - 3xyz$ を因数分解せよ。

(2) (1) を利用して，$a^3 + 6ab - 8b^3 + 1$ を因数分解せよ。

PRACTICE (基本) **3**　次の式を因数分解せよ。

(1)　$a^3 + 8b^3 + 27c^3 - 18abc$

(2)　$x^3 + 6xy + y^3 - 8$

基本 例題 4

次の式の展開式における，[　]内に指定されたものを求めよ。

(1)　$(2x^2 + 3)^6$　$[x^6$ の項の係数$]$

(2) $\left(x+\dfrac{2}{x}\right)^4$ $[x^2$ の項の係数]

PRACTICE (基本) **4** 次の式の展開式における，[　]内に指定されたものを求めよ。

(1) $(2x^3-3x)^5$ $[x^9$ の項の係数]

(2) $\left(2x^3-\dfrac{1}{3x^2}\right)^5$ [定数項]

基本 例題 5

次の値を求めよ。

(1) $_nC_0 + {}_nC_1 + {}_nC_2 + \cdots\cdots + {}_nC_r + \cdots\cdots + {}_nC_n$

(2) $_nC_0 - {}_nC_1 + {}_nC_2 - \cdots\cdots + (-1)^r {}_nC_r + \cdots\cdots + (-1)^n {}_nC_n$

(3) $_nC_0 - 2{}_nC_1 + 2^2{}_nC_2 - \cdots\cdots + (-2)^r {}_nC_r + \cdots\cdots + (-2)^n {}_nC_n$

PRACTICE (基本) **5** $\quad {}_nC_0 - \dfrac{{}_nC_1}{2} + \dfrac{{}_nC_2}{2^2} - \cdots\cdots + (-1)^n \dfrac{{}_nC_n}{2^n}$ の値を求めよ。

基本 例題 6

次の式の展開式における，[ ]内に指定されたものを求めよ。

(1) $(x+y+z)^5$ [xy^2z^2 の項の係数]

(2) $(a+b-2c)^7$ [$a^2b^3c^2$ の項の係数]

PRACTICE (基本) **6** 次の式の展開式における，[　]内に指定されたものを求めよ。

(1) $(x+2y+3z)^4$ [x^3z の項の係数]

(2) $\left(2x-\dfrac{1}{2}y+z\right)^4$ [xy^2z の項の係数]

重 要 **例題 7**

$(1+x+x^2)^7$ の展開式における，x^3 の項の係数を求めよ。

PRACTICE (重要) **7** $(x^2-3x+1)^{10}$ の展開式における x^3 の項の係数を求めよ。

重 要 例題 8

(1) $\left(x-\dfrac{1}{2x^2}\right)^{12}$ の展開式における，x^3 の項の係数を求めよ。

(2) $\left(x+\dfrac{1}{x^2}+1\right)^5$ を展開したとき，x を含まない項を求めよ。

PRACTICE (重要) **8**　次の式の展開式における，[　]内に指定されたものを求めよ。

(1)　$\left(x^2 + \dfrac{1}{x}\right)^6$　[x^3 の項の係数]

(2)　$\left(x^3 + x - \dfrac{1}{x}\right)^9$　[x の項の係数]

解説動画

重要 例題 9

(1) 101^{100} の下位 5 桁を求めよ。

(2) 29^{45} を 900 で割った余りを求めよ。

PRACTICE (重要) 9　(1)　11^{17} の下位 3 桁を求めよ。

(2)　2024^{2024} を 9 で割った余りを求めよ。

２．多項式の割り算，分数式

基本 例題 10

☐ 解説動画

次の多項式 A を多項式 B で割った商 Q と余り R を求めよ。また，その結果を $A=BQ+R$ の形に書け。

(1)　$A=2x^3+8-12x,\ B=x^2+2x-2$

(2)　$A=2x^3-x^2+1,\ B=3x-9$

PRACTICE (基本) **10**　次の多項式 A を多項式 B で割った商 Q と余り R を求めよ。また，その結果を $A=BQ+R$ の形に書け。

(1)　$A=6x^2-7x-20,\ B=2x-5$

(2)　$A=(2x^2-3x+1)(x+1),\ B=x^2+4$

(3)　$A=x^4-2x^3-x+8,\ B=2-x-2x^2$

基本 例題 11　　　　　　　　　　　　　　　　　□

(1)　多項式 A を多項式 $2x^2-1$ で割ると，商が $2x-1$，余りが $x-2$ であるとき，A を求めよ。

18

(2) 多項式 $8x^3-18x^2+19x+1$ を多項式 B で割ると，商が $4x-3$，余りが $2x+7$ であるとき，B を求めよ。

PRACTICE (基本) **11** 次の条件を満たす多項式 A，B を求めよ。

(1) A を $2x^2-x+4$ で割ると，商が $2x-1$，余りが $x-1$

(2) x^3+x+10 を B で割ると，商が $\dfrac{x}{2}+1$，余りが $x+2$

基本 例題 12

(1) $x^3+(y+1)x+2x^2-y$ を x^2+y で割った商と余りを求めたい。

　(ア) x についての多項式とみて求めよ。

　(イ) y についての多項式とみて求めよ。

(2) $a^3-2ab^2+4b^3$ を $a+2b$ で割った商と余りを求めよ。

PRACTICE (基本) **12** (1) $2x^2+3xy+4y^2$ を $x+y$ で割った商と余りを求めたい。

(ア) x についての多項式とみて求めよ。

(イ) y についての多項式とみて求めよ。

(2) $2x^2+xy-6y^2-2x+17y-12$ を $x+2y-3$ で割った商と余りを求めよ。

基本 例題 13

次の計算をせよ。

(1) $\dfrac{a^2+2a-3}{a^2-a-2} \times \dfrac{a^2-5a+6}{a^2-4a+3}$

(2) $\dfrac{x+1}{2x-1} \div \dfrac{x^2-2x-3}{2x^2+5x-3}$

(3) $\dfrac{3a^2+8a+4}{a^2-1} \div \dfrac{6a^2+a-2}{a^2+a} \times \dfrac{2a-1}{a+2}$

PRACTICE (基本) **13** 次の計算をせよ。

(1) $\dfrac{a-b}{a+b} \times \dfrac{a^2-b^2}{(a-b)^2}$

(2) $\dfrac{x^2-x-20}{x^3+3x^2+2x} \times \dfrac{x^3+x^2-2x}{x^2-6x+5}$

(3) $\dfrac{2a^2-a-3}{3a-1} \div \dfrac{3a^2+2a-1}{9a^2-6a+1}$

(4) $\dfrac{(a+1)^2}{a^2-1} \times \dfrac{a^3-1}{a^3+1} \div \dfrac{a^2+a+1}{a^2-a+1}$

基本 例題 14

次の計算をせよ。

(1) $\dfrac{x+11}{2x^2+7x+3} - \dfrac{x-10}{2x^2-3x-2}$

(2) $\dfrac{4}{x^2+4} - \dfrac{1}{x-2} + \dfrac{1}{x+2}$

PRACTICE (基本) **14**　次の計算をせよ。

(1)　$\dfrac{x+1}{3x^2-2x-1}+\dfrac{2x+1}{3x^2+4x+1}$

(2)　$\dfrac{a^2}{(a-b)(a-c)}+\dfrac{b^2}{(b-c)(b-a)}+\dfrac{c^2}{(c-a)(c-b)}$

基本 例題 15

□ ▷ 解説動画

次の式を簡単にせよ。

(1) $\dfrac{1 - \dfrac{1}{x}}{x - \dfrac{1}{x}}$

(2) $\dfrac{1}{1 - \dfrac{1}{1 - \dfrac{1}{1+a}}}$

PRACTICE (基本) **15**　次の式を簡単にせよ。

(1)　$\dfrac{\dfrac{1+x}{1-x}-\dfrac{1-x}{1+x}}{\dfrac{1+x}{1-x}+\dfrac{1-x}{1+x}}$

(2)　$\dfrac{1}{x-\dfrac{x^2-1}{x-\dfrac{2}{x-1}}}$

重要 例題 16

次の計算をせよ。

(1) $\dfrac{1}{b-a}\left(\dfrac{1}{x+a}-\dfrac{1}{x+b}\right)$

(2) $\dfrac{1}{n(n+1)}+\dfrac{1}{(n+1)(n+2)}+\dfrac{1}{(n+2)(n+3)}$

PRACTICE (重要) **16**　次の計算をせよ。

(1)　$\dfrac{1}{(x-3)(x-1)} + \dfrac{1}{(x-1)(x+1)} + \dfrac{1}{(x+1)(x+3)}$

(2)　$\dfrac{1}{a^2-a} + \dfrac{1}{a^2+a} + \dfrac{1}{a^2+3a+2}$

 例題 17

次の計算をせよ。

(1) $\dfrac{x^2+4x+5}{x+3} - \dfrac{x^2+5x+6}{x+4}$

(2) $\dfrac{x+2}{x} - \dfrac{x+3}{x+1} - \dfrac{x-5}{x-3} + \dfrac{x-6}{x-4}$

PRACTICE (重要) **17**　次の計算をせよ。

(1) $\dfrac{x^2+2x+3}{x} - \dfrac{x^2+3x+5}{x+1}$

(2) $\dfrac{x+1}{x+2} - \dfrac{x+2}{x+3} - \dfrac{x+3}{x+4} + \dfrac{x+4}{x+5}$

３．恒等式

基 本 例題 18   □ ▷ 解説動画

等式 $3x^2-2x-1=a(x+1)^2+b(x+1)+c$ が x についての恒等式となるように，定数 a, b, c の値を定めよ。

PRACTICE (基本) **18**   次の等式が x についての恒等式となるように，定数 a, b, c, d の値を定めよ。

(1) $a(x-1)^2+b(x-1)+c=x^2+x$

(2)　$x^3 - 3x^2 + 7 = a(x-2)^3 + b(x-2)^2 + c(x-2) + d$

(3)　$x^3 + (x+1)^3 + (x+2)^3 = ax(x-1)(x+1) + bx(x-1) + cx + d$

基本 例題 19

等式 $\dfrac{5x+1}{(x+2)(x-1)} = \dfrac{a}{x+2} + \dfrac{b}{x-1}$ が x についての恒等式となるように，定数 a, b の値を定めよ。

PRACTICE (基本) **19** 次の等式が x についての恒等式となるように，定数 a, b, c の値を定めよ。

(1) $\dfrac{3x-1}{x^2-1} = \dfrac{a}{x-1} + \dfrac{b}{x+1}$

(2) $\dfrac{x-5}{(x+1)^2(x-1)}=\dfrac{a}{(x+1)^2}+\dfrac{b}{x+1}+\dfrac{c}{x-1}$

基本 例題 20

次の等式が x, y についての恒等式となるように，定数 a, b, c の値を定めよ。

$$2x^2-xy-3y^2+5x-5y+a=(x+y+b)(2x-3y+c)$$

PRACTICE (基本) **20** 次の等式が x, y についての恒等式となるように，定数 a, b, c の値を定めよ。

(1) $x^2 + axy + by^2 = (cx + y)(x - 4y)$

(2) $x^2 - xy - 2y^2 + ax - y + 1 = (x + y + b)(x - 2y + c)$

36

重要 例題 21

x についての多項式 x^4+ax^2+3x-2 を x^2-2x+2 で割ると余りが $9x-12$ となるように，定数 a の値を定め，そのときの商を求めよ。

PRACTICE (重要) **21** x についての多項式 $2x^3+ax+10$ を x^2-3x+b で割ると余りが $3x-2$ となるように，定数 a，b の値を定めよ。また，そのときの商を求めよ。

重要 例題 22

$2x+y-3z=3$, $3x+2y-z=2$ を満たすすべての実数 x, y, z に対して, $px^2+qy^2+rz^2=12$ が成立するような定数 p, q, r の値を求めよ。

PRACTICE (重要) **22** (1) $2x-y-3=0$ を満たすすべての x, y に対して $ax^2+by^2+2cx-9=0$ が成り立つとき，定数 a, b, c の値を求めよ。

(2) $x+y+z=2$, $x-y-5z=0$ を満たす x, y, z の任意の値に対して，常に
$a(2-x)^2+b(2-y)^2+c(2-z)^2=35$ となるように定数 a, b, c の値を定めよ。

4. 等式・不等式の証明

基本 例題 23

次の等式を証明せよ。

(1) $x^5 - 1 = (x-1)(x^4 + x^3 + x^2 + x + 1)$

(2) $(a^2 + b^2)(c^2 + d^2) = (ac + bd)^2 + (ad - bc)^2$

PRACTICE (基本) **23**　次の等式を証明せよ。

(1) $a^4 + 4b^4 = \{(a+b)^2 + b^2\}\{(a-b)^2 + b^2\}$

(2) $(a^2-b^2)(c^2-d^2)=(ac+bd)^2-(ad+bc)^2$

基本 例題 24

$a+b+c=0$ のとき，次の等式が成り立つことを証明せよ。

$$bc(b+c)+ca(c+a)+ab(a+b)=-3abc$$

PRACTICE (基本) **24** $a+b+c=0$ のとき，次の等式が成り立つことを証明せよ。

(1) $a^3(b-c)+b^3(c-a)+c^3(a-b)=0$

(2) $(b+c)^2+(c+a)^2+(a+b)^2=-2(bc+ca+ab)$

基本 例題 25

(1) $\dfrac{a}{b}=\dfrac{c}{d}$ のとき，等式 $\dfrac{a+b}{a-b}=\dfrac{c+d}{c-d}$ が成り立つことを証明せよ。

(2) $\dfrac{x}{b-c}=\dfrac{y}{c-a}=\dfrac{z}{a-b}$ のとき，等式 $ax+by+cz=0$ が成り立つことを証明せよ。

PRACTICE (基本) **25** (1) $a : b = c : d$ のとき，等式 $\dfrac{pa+qc}{pb+qd} = \dfrac{ra+sc}{rb+sd}$ が成り立つことを証明せよ。

(2) $\dfrac{a}{b} = \dfrac{c}{d} = \dfrac{e}{f}$ のとき，等式 $\dfrac{a+c}{b+d} = \dfrac{a+c+e}{b+d+f}$ が成り立つことを証明せよ。

基 本 例題 26

□ 解説動画

$\dfrac{y+z}{x} = \dfrac{z+x}{y} = \dfrac{x+y}{z}$ のとき，この式の値を求めよ。

PRACTICE (基本) **26** x, y, z は実数とする。$\dfrac{y+2z}{x} = \dfrac{z+2x}{y} = \dfrac{x+2y}{z}$ のとき，この式の値を求めよ。

基本 例題 27

次の不等式を証明せよ。また，(3) の等号が成り立つのはどのようなときか。

(1) $a>1$, $b>\dfrac{1}{2}$ のとき $\quad 2ab+1>a+2b$

(2) $x^2>4x-7$

(3) $a^2+3b^2 \geqq 3ab$

48

PRACTICE (基本) **27** 次の不等式を証明せよ。また，(3) の等号が成り立つのはどのようなときか。

(1) $a > -2$, $b > \dfrac{1}{3}$ のとき $3ab - 2 > a - 6b$

(2) $4x^2 + 3 > 4x$

(3) $2x^2 \geqq 3xy - 2y^2$

基本 例題 28

次の不等式が成り立つことを証明せよ。また，(1) の等号が成り立つのはどのようなときか。

(1) $a \geqq 0$, $b \geqq 0$ のとき $\quad 5\sqrt{a+b} \geqq 3\sqrt{a} + 4\sqrt{b}$

(2) $a > b > 0$ のとき $\quad \sqrt{a-b} > \sqrt{a} - \sqrt{b}$

PRACTICE (基本) **28** $a \geqq 0$, $b \geqq 0$ のとき，次の不等式が成り立つことを証明せよ。また，等号が成り立つのはどのようなときか。

(1) $\sqrt{a} + 2 \geqq \sqrt{a+4}$

(2) $\sqrt{2(a+b)} \geqq \sqrt{a} + \sqrt{b}$

基本 例題 29

次の不等式を証明せよ。

(1) $|a+b| \leqq |a|+|b|$

(2) $|a|-|b| \leqq |a-b|$

PRACTICE (基本) **29**　不等式 $|a+b| \leqq |a|+|b|$ を利用して，次の不等式を証明せよ。

(1)　$|a-b| \leqq |a|+|b|$

(2)　$|a-c| \leqq |a-b|+|b-c|$

(3)　$|a+b+c| \leqq |a|+|b|+|c|$

基本 例題 30　　　　　　　　　　　　　　　　　　□　解説動画

$x>0$ のとき，次の不等式が成り立つことを証明せよ。また，等号が成り立つのはどのようなときか。

(1)　$x+\dfrac{4}{x} \geqq 4$

(2)　$\left(x+\dfrac{1}{x}\right)\left(x+\dfrac{4}{x}\right) \geqq 9$

PRACTICE (基本) **30**　a, b, c, d は正の数とする。次の不等式が成り立つことを証明せよ。また，等号が成り立つのはどのようなときか。

(1)　$4a + \dfrac{9}{a} \geqq 12$

(2)　$\left(\dfrac{b}{a} + \dfrac{d}{c} \right)\left(\dfrac{a}{b} + \dfrac{c}{d} \right) \geqq 4$

基本 例題 31

(1) $x > 0$ のとき，$x + \dfrac{9}{x}$ の最小値を求めよ。

(2) $x > 0$ のとき，$x + \dfrac{9}{x+2}$ の最小値を求めよ。

PRACTICE (基本) **31** (1) $x>0$ のとき，$x+\dfrac{16}{x}$ の最小値を求めよ。

(2) $x>1$ のとき，$x+\dfrac{1}{x-1}$ の最小値を求めよ。

基本 例題 32

$0 < a < b$，$a + b = 2$ のとき，次の 4 つの式の大小を比較せよ。

$$a, \quad b, \quad ab, \quad \frac{a^2 + b^2}{2}$$

PRACTICE (基本) **32**　2 つの正の数 a, b が $a+b=1$ を満たすとき，次の式の大小を比較せよ。

$$a+b, \quad a^2+b^2, \quad ab, \quad \sqrt{a}+\sqrt{b}$$

重|要 例題 33

次の不等式を証明せよ。また，等号が成り立つのはどのようなときか。

$$a^2 + b^2 + c^2 \geqq ab + bc + ca$$

PRACTICE (重要) **33**　次の不等式を証明せよ。また，等号が成り立つのはどのようなときか。

(1)　$a^2 + b^2 + c^2 + ab + bc + ca \geqq 0$

(2)　$a + b + c > 0$ のとき　$a^3 + b^3 + c^3 \geqq 3abc$

解説動画

重要 例題 34

$\dfrac{1}{x}+\dfrac{1}{y}+\dfrac{1}{z}=\dfrac{1}{x+y+z}$ であるとき，$x+y$, $y+z$, $z+x$ のうち少なくとも 1 つは 0 であることを証明せよ。

PRACTICE (重要) 34　$a+b+c=1$, $\dfrac{1}{a}+\dfrac{1}{b}+\dfrac{1}{c}=1$ であるとき，a, b, c のうち少なくとも 1 つは 1 であることを証明せよ。

重 要 例題 35

$|a|<1$, $|b|<1$, $|c|<1$ のとき，次の不等式が成り立つことを証明せよ。

(1) $ab+1>a+b$

(2) $abc+2>a+b+c$

PRACTICE (重要) **35** $a \geqq 2$, $b \geqq 2$, $c \geqq 2$, $d \geqq 2$ のとき，次の不等式が成り立つことを証明せよ。

(1) $ab \geqq a + b$

(2) $abcd > a + b + c + d$

5．複素数

基本 例題 36

次の計算をせよ。

(1)　$(-3+2i)+(5-6i)$

(2)　$i-(-4+3i)$

(3)　$(5-i)(-1+2i)$

(4)　$(3+4i)^2$

(5)　$i(-2+i)+(1-i)^2$

(6)　$(1-i)^4$

(7)　$1+i+i^2+i^3$

PRACTICE (基本) **36** 次の計算をせよ。

(1) $(4+5i)-(4-5i)$

(2) $(-6+5i)(1+2i)$

(3) $(2-5i)(2i-5)$

(4) $(3+i)^3$

(5) $(\sqrt{2}+i)^2-(\sqrt{2}-i)^2$

(6) $(1+i)^8$

(7) $i-i^2+i^3+i^4+i^5-i^6+i^7+i^8$

基本 例題 37

次の計算をせよ。

(1) $\dfrac{1+2i}{2-i}$

(2) $\dfrac{3+2i}{2+i} - \dfrac{i}{1-2i}$

(3) $(4+\sqrt{-5})(3-\sqrt{-5})$

(4) $\dfrac{\sqrt{15}}{\sqrt{-10}}$

PRACTICE (基本) **37**　次の計算をせよ。

(1) $\dfrac{4+3i}{2i}$

(2) $\dfrac{3+2i}{2+3i}$

67

(3) $\dfrac{1+3\sqrt{3}\,i}{\sqrt{3}+i} + \dfrac{3\sqrt{3}+i}{1+\sqrt{3}\,i}$

(4) $\dfrac{2-i}{3-i} - \dfrac{1+2i}{3+i}$

(5) $(\sqrt{3}+\sqrt{-1})(1-\sqrt{-3})$

(6) $\dfrac{\sqrt{6}}{\sqrt{-3}}$

基本 例題 38

次の等式を満たす実数 x, y の値を求めよ。

(1)　$(2+i)x+(3-2i)y=-9+20i$

(2)　$(2+i)(3x-2yi)=4+7i$

PRACTICE (基本) **38** 次の等式または条件を満たす実数 x, y の値を求めよ。

(1) $(1+2i)x-(2-i)y=3$

(2) $(-1+i)(x+yi)=1-3i$

(3) $\dfrac{1+xi}{3+i}$ が純虚数になる

70

2乗すると $8i$ になるような複素数 $z = x + yi$ $(x,\ y$ は実数) はちょうど2つ存在する。この z を求めよ。

PRACTICE (基本) **39** 2乗すると i になるような複素数 $z=x+yi$ (x, y は実数) はちょうど2つ存在する。この z を求めよ。

6．2次方程式の解と判別式

基本 例題 40

m は定数とする。次の 2 次方程式の解の種類を判別せよ。

(1) $2x^2 + 8x + m = 0$

(2) $mx^2 - 2(m-2)x + 1 = 0$

PRACTICE (基本) **40** m は定数とする。次の 2 次方程式の解の種類を判別せよ。

(1) $x^2 - 2mx + 2m + 3 = 0$

(2) $(m^2 - 1)x^2 - (m + 1)x + 1 = 0$

基本 例題 41

2 次方程式 $x^2+(5-m)x-2m+7=0$ について

(1) m が整数のとき,虚数解をもつような定数 m の値を求めよ。

(2) 重解をもつような定数 m の値と,そのときの重解を求めよ。

PRACTICE (基本) **41**　2次方程式 $x^2+2(k-1)x-k^2+3k-1=0$ （k は定数）について

(1)　実数解をもつような k の値の範囲を求めよ。

(2)　重解をもつような k の値と，そのときの重解を求めよ。

基 本 例題 42

2 つの 2 次方程式 $9x^2+6ax+4=0$ …… ①,$x^2+2ax+3a=0$ …… ② が次の条件を満たすように,定数 a の値の範囲を定めよ。

(1) ともに虚数解をもつ

(2) 少なくとも一方が虚数解をもつ

(3) ① のみが虚数解をもつ

PRACTICE (基本) **42**　a を整数とするとき，2 つの方程式 $x^2-ax+3=0$，$x^2+ax+2a=0$ の一方は実数解を，他方は虚数解をもつという。このような a の値をすべて求めよ。

重要 例題 43

x の方程式 $(1+i)x^2+(k+i)x+3+3ki=0$ が実数解をもつように,実数 k の値を定めよ。また,その実数解を求めよ。

PRACTICE (重要) **43** x の方程式 $(1+i)x^2+(k-i)x-(k-1+2i)=0$ が実数解をもつように，実数 k の値を定めよ。また，その実数解を求めよ。

7．解と係数の関係

基本 例題 44

解説動画

2 次方程式 $x^2 - 3x + 4 = 0$ の 2 つの解を α, β とするとき，次の式の値を求めよ。

(1) $(\alpha + 1)(\beta + 1)$

(2) $\alpha^2\beta + \alpha\beta^2$

(3) $\alpha^2 + \beta^2$

(4) $\alpha^3 + \beta^3$

(5) $\dfrac{\beta}{\alpha} + \dfrac{\alpha}{\beta}$

(6) $\dfrac{\beta}{\alpha - 1} + \dfrac{\alpha}{\beta - 1}$

PRACTICE (基本) **44**　2 次方程式 $3x^2 - 2x - 4 = 0$ の 2 つの解を α, β とするとき，次の式の値を求めよ。

(1)　$\alpha^2\beta + \alpha\beta^2$

(2)　$\dfrac{1}{\alpha} + \dfrac{1}{\beta}$

(3)　$\alpha^2 + \beta^2$

(4)　$\dfrac{\beta}{\alpha} + \dfrac{\alpha}{\beta}$

(5)　$(\alpha - \beta)^2$

(6)　$\alpha^3 + \beta^3$

基本 例題 45

2 次方程式 $x^2-12x+k=0$ が次のような解をもつとき，定数 k の値と方程式の解を求めよ。

(1) 1 つの解が他の解の 2 倍

(2) 1 つの解が他の解の 2 乗

PRACTICE (基本) **45** 次の条件を満たす定数 k の値と方程式の解を,それぞれ求めよ。

(1) 2次方程式 $x^2 + kx + 4 = 0$ の1つの解が他の解の4倍

(2) 2次方程式 $6x^2 - kx + k - 4 = 0$ の2つの解の比が $3 : 2$

(3) 2次方程式 $3x^2 + 6x + k - 1 = 0$ の2つの解の差が4

基本 例題 46

次の 2 次式を，複素数の範囲で因数分解せよ。

(1) $15x^2 + 14x - 8$

(2) $x^2 - 2x - 2$

(3) $x^2 + 2x + 3$

PRACTICE (基本) **46** 次の 2 次式を，複素数の範囲で因数分解せよ。

(1) $x^2 - 20x + 91$

(2) $x^2 - 4x - 3$

(3) $3x^2 - 2x + 3$

基本 例題 47

(1) 2次方程式 $x^2+3x+4=0$ の2つの解を α, β とするとき, α^2, β^2 を解とする2次方程式を1つ作れ。

(2) $a<b$ とする。2次方程式 $x^2+ax+b=0$ の2つの解の和と積が, 2次方程式 $x^2+bx+a=0$ の2つの解である。このとき, 定数 a, b の値を求めよ。

PRACTICE (基本) **47** (1) 2次方程式 $x^2-2x+3=0$ の2つの解を α, β とするとき,次の2数を解とする2次方程式を1つ作れ。

(ア) $\alpha+1$, $\beta+1$

(イ) $\dfrac{1}{\alpha}$, $\dfrac{1}{\beta}$

(ウ) α^3, β^3

(2) p, q を 0 でない実数の定数とし，2 次方程式 $2x^2+px+2q=0$ の解を α, β とする。2 次方程式 $x^2+qx+p=0$ の 2 つの解が $\alpha+\beta$ と $\alpha\beta$ であるとき，p, q の値を求めよ。

基本 例題 48

2 次方程式 $x^2+2(a-3)x+a+3=0$ の解が次の条件を満たすような定数 a の値の範囲をそれぞれ求めよ。

(1) 異なる 2 つの正の解をもつ

(2) 異符号の解をもつ

PRACTICE (基本) **48** x の 2 次方程式を $x^2-(a-4)x+a-1=0$ とする。

(1) 方程式が，異なる 2 つの負の解をもつような定数 a の値の範囲を求めよ。

(2) 方程式の一方の解が正で，他方の解が負となるような定数 a の値の範囲を求めよ。

基本 例題 49

x についての 2 次方程式 $x^2-(a-1)x+a+6=0$ が次のような解をもつような実数 a の値の範囲をそれぞれ求めよ。

(1) 2 つの解がともに 2 以上である。

(2) 1 つの解は 2 より大きく，他の解は 2 より小さい。

PRACTICE (基本) **49** x の2次方程式 $x^2-2px+p+2=0$ について，次の条件を満たすような実数 p の値の範囲を求めよ。

(1) 3より小さい2解をもつ

(2) 5より大きい解と小さい解をもつ

重 要 例題 50

$4x^2+7xy-2y^2-5x+8y+k$ が x, y の 1 次式の積に因数分解できるように，定数 k の値を定めよ。また，そのときの因数分解の結果を求めよ。

PRACTICE (重要) **50** k を定数とする 2 次式 $x^2+3xy+2y^2-3x-5y+k$ が x, y の 1 次式の積に因数分解できるとき，k の値を求めよ。また，そのときの因数分解の結果を求めよ。

重要 **例題 51**

x に関する 2 次方程式 $x^2-(m-7)x+m=0$ の解がともに正の整数であるとき，m の値とそのときの解を求めよ。

PRACTICE (重要) **51** 2次方程式 $x^2+mx+m+2=0$ が2つの整数解 α, β をもつとき, m の値を求めよ。

8. 剰余の定理と因数定理

基 本 例題 52

次の条件を満たすように，定数 a, b の値を定めよ。

(1) $x^3 - 3x^2 + a$ を $x-1$ で割ると 2 余る。

(2) $2x^3 - 3x^2 + ax + 6$ が $2x+1$ で割り切れる。

(3) $x^3 + ax^2 - 5x + b$ が $x+2$ で割り切れ，$x+1$ で割ると 8 余る。

PRACTICE (基本) **52**　次の条件を満たすように，定数 a, b の値を定めよ。

(1)　$2x^4+3x^3-ax+1$ を $x+2$ で割ると 1 余る。

(2)　x^3-3x^2-3x+a が $2x-1$ で割り切れる。

(3)　$4x^3+ax+b$ は $x+1$ で割り切れ，$2x-1$ で割ると 6 余る。

基本 例題 53

多項式 $P(x)$ を $x-2$ で割ると 3 余り，$x+3$ で割ると -7 余る。$P(x)$ を $(x-2)(x+3)$ で割ったとき
の余りを求めよ。

PRACTICE (基本) **53** 多項式 $P(x)$ を $x-2$ で割ると余りは 8, $x+3$ で割ると余りは -7, $x-4$ で割ると余りは 6 である。このとき，$P(x)$ を $(x-2)(x+3)$ で割ると余りは $^{ア}\boxed{}$，$P(x)$ を $(x-2)(x-4)$ で割ると余りは $^{イ}\boxed{}$ である。

基本 例題 54　□

多項式 $P(x)$ を $x-1$ で割ると余りが 3 ，x^2-x-6 で割ると余りが $-2x+17$ であるとき，$P(x)$ を $(x-1)(x+2)(x-3)$ で割った余りを求めよ。

PRACTICE (基本) **54**　多項式 $P(x)$ を $x-2$ で割ると余りは 13，$(x+1)(x+2)$ で割ると余りは $-10x-3$ になる。このとき $P(x)$ を $(x+1)(x-2)(x+2)$，$(x-2)(x+2)$ で割った余りをそれぞれ求めよ。

基 本 例題 55

$P(x)=x^3+3x^2+x+2$ について，次の問いに答えよ。

(1) $x=-1+i$ のとき，$x^2+2x+2=0$ であることを証明せよ。

(2) $P(x)$ を x^2+2x+2 で割った商と余りを求めよ。

(3) $P(-1+i)$ の値を求めよ。

PRACTICE (基本) **55** $P(x)=3x^3-8x^2+x+7$ のとき, $P(1-\sqrt{2}\,i)$ の値を求めよ。

基本 例題 56

次の式を因数分解せよ。

(1) x^3+4x^2+x-6

(2) $2x^3 - 9x^2 + 2$

PRACTICE (基本) **56** 次の式を因数分解せよ。

(1) $x^3 - 4x^2 + x + 6$

(2) $2x^3 - 5x^2 + 5x + 4$

重要 例題 57

(1) $f(x) = x^3 - ax + b$ が $(x-1)^2$ で割り切れるとき，定数 a, b の値を求めよ。

(2) n を 2 以上の整数とするとき，$x^n - 1$ を $(x-1)^2$ で割ったときの余りを求めよ。

PRACTICE (重要) **57** (1) a, b は定数で，x についての整式 x^3+ax+b は $(x+1)^2$ で割り切れるとする。このとき，a, b の値を求めよ。

(2) n を 2 以上の自然数とする。x^n+ax+b が $(x-1)^2$ で割り切れるとき，定数 a, b の値を求めよ。

9. 高次方程式

基本 例題 58

□ ▷ 解説動画

次の方程式を解け。

(1) $x^4 - 5x^2 - 6 = 0$

(2) $(x^2 - x)^2 + (x^2 - x) - 6 = 0$

(3) $x^4 + 2x^2 + 4 = 0$

PRACTICE (基本) **58** 次の方程式を解け。

(1) $x^4 + x^2 - 2 = 0$

(2) $(x^2 + 6x)^2 + 13(x^2 + 6x) + 30 = 0$

(3) $x^4 + 3x^2 + 4 = 0$

基本 例題 59

次の方程式を解け。

(1) $x^3 - x^2 + 12 = 0$

(2) $6x^4-11x^3+2x^2+5x-2=0$

PRACTICE (基本) **59** 次の方程式を解け。

(1) $x^3-3x^2-8x-4=0$

(2) $2x^3-x^2-8x+4=0$

(3) $x^4 - x^3 - 3x^2 + x + 2 = 0$

(4) $4x^4 - 4x^3 - 9x^2 + x + 2 = 0$

基本 例題 60

1 の 3 乗根で虚数のものは 2 つあり, その一方を ω とする。

(1) 他方の虚数解は ω と共役な複素数で, ω^2 に等しいことを示せ。

(2) $\omega^2 + \omega + 1$, $\omega^4 + \omega^5$ の値を, それぞれ求めよ。

PRACTICE (基本) **60**　x についての方程式 $x^3=1$ の虚数解の 1 つを ω とする。このとき

$\dfrac{1}{\omega}+\dfrac{1}{\omega^2}+1={}^{\text{ア}}\boxed{}$，$\omega^{100}+\omega^{50}={}^{\text{イ}}\boxed{}$ である。

基本 例題 61

3次方程式 $x^3+ax^2-21x+b=0$ の解は 1, 3, c である。このとき，定数 a, b, c の値を求めよ。

PRACTICE (基本) **61** x の方程式 $x^4-x^3+ax^2+bx+6=0$ が $x=-1$, 3 を解にもつとき，定数 a, b の値を求めよ。また，そのときの他の解を求めよ。

基 本 例題 62

3次方程式 $x^3+ax^2+bx+10=0$ の1つの解が $x=2+i$ であるとき，実数の定数 a，b の値と他の解を求めよ。

PRACTICE (基本) **62** 3次方程式 $x^3 + ax^2 + 4x + b = 0$ が解 $1+i$ をもつとき, 実数の定数 a, b の値を求めよ。また, $1+i$ 以外の解を求めよ。

基本 例題 63

3 次方程式 $x^3+(a-1)x^2+(4-a)x-4=0$ が 2 重解をもつように，実数の定数 a の値を定めよ。

PRACTICE (基本) **63** 3 次方程式 $x^3+(a-2)x^2-4a=0$ が 2 重解をもつように実数の定数 a の値を定め，そのときの解をすべて求めよ。

重要 例題 64

解説動画

3次方程式 $x^3 + x^2 + x + 3 = 0$ の3つの解を α, β, γ とするとき，次の式の値を求めよ。

(1) $\alpha^2 + \beta^2 + \gamma^2$

(2) $\alpha^3 + \beta^3 + \gamma^3$

PRACTICE (重要) **64** 3次方程式 $x^3 - 3x + 5 = 0$ の3つの解を α, β, γ とするとき，

$(\alpha+\beta)(\beta+\gamma)(\gamma+\alpha)$ の値は $^{ア}\boxed{}$ であり，$\alpha^3 + \beta^3 + \gamma^3$ の値は $^{イ}\boxed{}$, $\alpha^5 + \beta^5 + \gamma^5$ の値は

$^{ウ}\boxed{}$ である。